D1857420

Pferde
6.8
XbP
11
Kal

Kreisbücherei
Landkreis Wolfenbüttel
1341
90

Das Pferde-Kinder-Buch entstand rund um den Hof Brekkulaekur in Midfjördur, Island.
Copyright © 1989, Verlag Neugebauer Press, Salzburg–München.
Die Reihe »Tier-Kinder-Buch« wird von Sybille Kalas herausgegeben.
Lektorat: Prof. Dr. Hans Gärtner
Alle Rechte, auch die der auszugsweisen Vervielfältigung, gleich durch welche Medien, vorbehalten.
Printed in Belgium by Proost
ISBN 3-85195-240-5

In der Reihe "Tier-Kinder-Buch" sind bisher erschienen:
DAS GÄNSE-KINDER-BUCH von Sybille Kalas
DAS BIBER-KINDER-BUCH von Sybille und Klaus Kalas
DAS PINGUIN-KINDER-BUCH von Sybille Kalas und Lauritz Sømme
DAS LÖWEN-KINDER-BUCH von Angelika Hofer und Günter Ziesler
DAS SCHIMPANSEN-KINDER-BUCH von Jane Goodall
DER TIER-KINDER-KALENDER mit einem Vorwort von Konrad Lorenz

Erhältlich in allen Buchhandlungen!

03...3228.1

Das Pferde-Kinder-Buch

Sybille Kalas

BILDERBUCHSTUDIO, VERLAG NEUGEBAUER PRESS, SALZBURG–MÜNCHEN

Annkatrin versteht sich gut mit Pferden. Am liebsten ist sie mitten unter ihnen. Mitten unter Pferden, die mit wehender Mähne dahintraben, mitten in einer Herde, deren Mitglieder noch genauso zusammenleben wie einst ihre Vorfahren, die Wildpferde. Einmal mit einer solchen Herde leben zu können, ist Annkatrins Traum. Unter den vielen Pferderassen gibt es einige, die ihren wilden Ahnen noch so ähnlich sind, daß sie ein freies, unabhängiges Leben in der Natur führen können. Zu ihnen gehören die Islandpferde. Klein und kräftig sind sie, zäh und widerstandsfähig, lebendig, aufmerksam und nicht so leicht aus der Ruhe zu bringen. Sie sind angepaßt an ein freies Leben unter harten Umweltbedingungen auf Island, ihrer Heimatinsel im Nordatlantik. Hier geht Annkatrin mit Skjóni.

Skjóni ist ein Islandpferd. Ein Islandpferd wie Vindur und Nasi, Stjarni, Funi, Haeringur und Lýsingur. Die Vorfahren dieser Pferde kamen auf Wikingerschiffen zusammen mit den ersten Siedlern aus Norwegen nach Island. Das war vor tausend Jahren.

Seither haben Menschen und Pferde sich gegenseitig geholfen, auf ihrer Insel zurechtzukommen. Auch heute noch ist es für die meisten Leute auf Island selbstverständlich, Pferde zu haben. Mehrere! Nicht nur eines, was ja bei uns schon etwas ganz Besonderes ist.
Die Herden der Islandpferde leben während des Sommers frei und unabhängig auf ihren riesigen Weiden in der weiten, fast menschenleeren isländischen Landschaft. Hier wird Annkatrins Traum Wirklichkeit. Komm mit uns nach Island!

Wenn du schon etwas über Island gehört hast, dann sicher, daß es hier Vulkanausbrüche gibt und Erdbeben, heiße Quellen und Geysire. Aber auch ohne das alles wäre Island ein außergewöhnliches Land, denn fast überall bist du mittendrin in der Natur.

Das spürst du mit allen Sinnen: in einem schweigenden Tal, gesäumt von wolkenverhangenen Bergen, im Sprühregen eines Wasserfalles, an einem Strand aus feinem schwarzen Sand, allein unter Seevögeln, auf den weiten, menschenleeren Ebenen des Hochlands, an dessen Horizont sich ein Gletscher wie eine riesige, schimmernde Muschel wölbt.

Weitab von bewohnten Landstrichen verbringen manche Pferdeherden den Sommer. Scheu und frei durchstreifen sie die riesigen Bergweiden und nur schwer lassen sie sich aufspüren und beobachten.

Manche Herden bleiben aber auch im Sommer in der Nähe der Bauernhöfe. Ihre Sommerweide ist ein grünes Hügelland, durchzogen von klaren Flüssen, in denen die Lachse springen.

Zwischen steinigen Hügeln mit Flechten und Zwergbirken liegen feuchte, moorige Wiesen und kleine Seen.
Diese Pferde sind an die Nähe der Menschen gewöhnt. Sie meiden uns nicht oder fliehen vor uns, wie es die Herden im Hochland tun würden, sondern sie begegnen uns eher aufmerksam und neugierig. Vielleicht erlauben sie uns sogar, für einige Zeit ihr Herdenleben zu teilen.

Schon von weitem kannst du den schwarzen Hengst, den einzigen erwachsenen Pferde-Mann in der Herde an seinem Verhalten erkennen. Wir erregen seine Aufmerksamkeit und Neugierde, aber auch seine Bereitschaft, die Stuten, Fohlen und Halbwüchsigen, seine Frauen und Kinder, zu warnen oder gar zu verteidigen. Wenn er jetzt vor uns erschrickt, genügt ein einziges warnendes Schnauben, und die ganze Herde stürmt in wilder Flucht davon.

Aber wir sind vorsichtig, nähern uns den Pferden langsam, gehen nicht geradewegs auf sie zu, sondern bewegen uns eher wie gemütlich weidende Pferde, sprechen mit ruhiger Stimme zu ihnen und warten, bis sie von selbst herkommen.

Den Anfang macht immer eine Stute, während der Hengst noch eher mißtrauisch aus der Entfernung zuschaut.
Jetzt sind wir mitten unter den Pferden, in der Herde, die das Zuhause der Pferdekinder ist. Hier fühlen sich die Fohlen sicher und geborgen. Hier sind sie daheim, gleichgültig, wie weit und wohin sie auch wandern – ans Meer, in Flußtäler, auf Hügel, Berge oder Hochebenen.

In der Herde finden die Fohlen alles, was sie zum Leben brauchen. Das Wichtigste bekommen sie von ihrer Mutter. Nicht nur die Milch, die sie stark, gesund und widerstandsfähig macht, sondern auch Schutz, Pflege und Zuneigung.

Die Erfahrungen, die die Fohlen in der Herde sammeln, lassen sie zu den selbstsicheren, ausgeglichenen Pferden heranwachsen, die die Isländer als verläßliche Reittiere und oft einzige Gesellschaft in der Wildnis ihres Landes so sehr schätzen. Dieser Scheck ist schon zwei Jahre alt, trinkt aber noch immer bei seiner Mutter. Das ist nur möglich, weil sie inzwischen kein neues Fohlen bekommen hat.

Die Geborgenheit, die sie bei ihren Müttern finden, gibt den Fohlen die Sicherheit, die sie brauchen, um ihre Umwelt neugierig zu erkunden. Bald schon schließen sie untereinander Freundschaft. Zuerst beschnuppern sie sich nur vorsichtig, dann aber spielen sie Wegrennen und Verfolgen, buckeln und keilen aus.

Dieses kleine Pferde-Mädchen möchte uns näher kennenlernen. Schritt um Schritt kommt es näher, die kleinen samtigen Nüstern bewegen sich schnuppernd und prüfen den fremden Geruch. Ganz nah sind uns die aufmerksamen, dunklen Augen mit den langen Wimpern. Die Ohren sind neugierig nach vorne gedreht. Dann aber überlegt es sich das Pferdchen doch anders, hebt suchend den Kopf und wiehert hell.

Sofort bekommt es Antwort von seiner Mutter, wendet und galoppiert auf seinen langen staksigen Beinen zu ihr zurück. Sicher hat das Fohlen die ganze Zeit über gewußt, wo die Stute weidet. Und wahrscheinlich hat auch die Stute ihr neugieriges Kind immer im Auge behalten.

Im Schutz der Mutter lernt das Pferdekind auch seine Umwelt kennen. Wie selbstverständlich es über die vielen tausend Hügelchen einer isländischen Buckelwiese trabt! Annkatrin kann das noch nicht so gut, und einem Pferd, das nicht hier aufgewachsen ist, ginge es ebenso. Für isländische Kinder aber ist das Buckelwiesen-Springen so selbstverständlich wie für Islandpferde.

Du möchtest wissen, warum die Wiesen so bucklig sind? Das macht der häufige Wechsel von Frostwetter und milder Wärme, von Gefrieren und Tauen der obersten Bodenschicht. Unter der Frühlingssonne taut der Boden an manchen Stellen schneller auf, an anderen langsamer, je nachdem wie lange die Sonne ihn bescheint, wie feucht er ist und welche Pflanzen darauf wachsen. Dabei entstehen Spannungen, unter denen sich die Erde zu Buckeln aufwölbt.

Wenn die Mittagssonne auf die vielen Buckel scheint und die weichen Moos- und Flechtenpolster wärmt, ist eine Buckelwiese ein gemütliches Bett für kleine Pferde. Ganz entspannt sind Mutter und Kind, scheinbar durch nichts zu erschüttern und aus der Ruhe zu bringen. Dennoch können sie sofort hellwach und fluchtbereit sein, falls es nötig ist.

Jetzt zieht unsere Herde weiter. Eine Stute führt sie an, der Hengst geht als letzter und paßt auf, daß alle mitkommen. Alle Kinder – große und kleine – gehen dicht neben ihrer Mutter.

Vielleicht ziehen die Pferde zu einer Wasserstelle oder einem anderen guten Weideplatz, vielleicht an einen windgeschützten Ort oder auf einen trockenen, sandigen Hügel, wo das Wälzen besonders angenehm ist. Allmählich kennen wir alle Lieblingsplätze unserer Pferde. Deshalb können wir uns Zeit lassen und alles um uns herum betrachten, während wir ihnen folgen. Wir werden sie sicher wiederfinden.

In einem Moor, zwischen Binsen und Wollgras, liegt ein geheimnisvoller kleiner Tümpel. Wie in einem dunklen Auge spiegelt sich darin der Wolkenhimmel. Still ist es hier – so still, daß man es spüren kann. Nur die flötenden Rufe der Goldregenpfeifer kannst du hören, und die stören die Stille nicht. Sie machen sie nur noch tiefer, weiter, endloser.

Am Rande des Moores, auf einem trockenen Hügel, wachsen Zwergbirken, Krähenbeeren und Enziane. Steine, Moose und Flechten sind sonnenwarm, und du riechst den Thymianduft, wenn du dich niedersetzt, um die schwarzen Krähenbeeren zu sammeln. Sie schmecken herb und süß zugleich und stillen Durst und Hunger.

Hier haben auch die Goldregenpfeifer ihr Nest. Diese hübschen Vögel mit den glänzenden Punkten im Gefieder gehören mit ihrem Gesang zum isländischen Sommer wie Sonne, Wolken und Wind.
Wir gehen gleich weiter, denn wir wollen ja nicht, daß sie sich vor uns fürchten.

An ihrem Ruheplatz im Windschatten eines Hügels finden wir unsere Pferde wieder. Mit halb geschlossenen Augen dösen sie vor sich hin. Nur die schwarze Stute hebt den Kopf und schnuppert zu uns herüber.

Der halbstarke Scheck – der, der noch immer bei seiner Mutter trinkt – kommt als erster zu uns her und beschnuppert neugierig Annkatrin. Sie hat ihm schon einmal ein Stück Brot mitgebracht, und seither ist er richtig frech und aufdringlich. Annkatrin freut sich darüber und gibt ihm wieder Brot.
Wenn der Scheck aber seine Neugierde auf den Hengst richtet und sich ihm herausfordernd nähert, hat das andere Folgen für ihn. Der Hengst läßt sich das nicht gefallen.

Er zeigt dem Scheck gleich, wer hier mehr zu sagen hat. Das ist kein ernsthafter Kampf, sondern nur eine spielerische Rauferei zwischen den beiden Männern.

An jeder Bewegung der beiden, an Körperhaltung und Gesichtsausdruck kannst du erkennen, daß der Schwarze der ranghöhere, selbstsichere, stolze, erwachsene Pferde-Mann ist, der zum Schluß den kleinen Flegel zu seiner Mutter zurücktreibt.

Obwohl es keine ernste Auseinandersetzung war, markiert der Hengst jetzt mit Urin sein Herdenrevier, scharrt mit dem Huf und beschnuppert seine Duftmarke. Der freche Scheck schaut schon wieder neugierig zu.

Dann flehmt der Hengst, das heißt, er saugt mit erhobenem Kopf und hochgezogenen Lippen den Duft „seiner" Stuten ein, „seiner" Frauen, von denen viele schon seine Kinder tragen, die im nächsten Frühjahr geboren werden.

In der Herde kehrt wieder Ruhe ein. Viele der Stuten finden sich paarweise zusammen, um sich gegenseitig das Fell zu pflegen. Wenn sie dich mit ihren großen Zähnen so beknabbern würden, bekämst du davon blaue Flecken.

Den Pferden aber ist das angenehm, und sie können lange Zeit so stehen und sich mit Hingabe gegenseitig an der Schweifrübe, an Hals und Mähne beknabbern. Nicht nur ihrem glatten, glänzenden Sommerfell tut das gut, die wechselseitige Körperpflege trägt auch zu einer freundlichen, entspannten Stimmung unter den Mitgliedern der Herde bei.

Entspannt und freundlich – so ist auch unsere Stimmung mitten unter den Islandpferden auf der Sommerweide. Leg' dich ins Gras und schließ' die Augen! Hör' die dumpfen Tritte der Hufe auf dem bemoosten Boden, wenn die Pferde langsam weidend umhergehen! Lausche dem stetigen, rupfenden Weidegeräusch, hör', wie ab und zu ein Pferd leise schnaubt...!

Unter der Sonne des späten Nachmittags sucht sich jedes Pferd seinen Lieblingsplatz. An der Seite der Mutter, in Sicherheit und nah der Milchquelle...

…oder allein für sich auf dem Hügel, mit Blick in die weite, blaue Einsamkeit.

Der isländische Sommertag ist noch lange nicht zu Ende. Erst ganz spät am Abend wird es dämmrig werden. Jetzt aber ist noch Zeit, sich ein bißchen auszuruhen. Mit einem weichen Wiesenbuckel als Kopfkissen, zwischen Zwergbirken und sonnenwarmen Moospolstern schlafen das Pferde- und das Menschenkind ein. Ihre Träume könnten ähnliche sein…

*...Träume von grünen Hügeln und stillen Seen,
von Wanderungen durch Moore und Täler,
über Flüsse und Berge, von Vogelrufen und
Wolkenhimmel, von einem Pferdeschnauben
in der Stille...
Annkatrin wird noch lange weiterträumen von
ihrem ersten Pferdesommer auf Island.*